揭秘中国·古代四大发明绘本

BISHENG DE
HUOZI YINSHUASHU

毕昇的
活字
印刷术

李航 编

吉林美术出版社 | 全国百佳图书出版单位

唐朝时期，人们掌握了一种印刷技术，他们在平滑的木板上雕刻出许多文字，字体全部凸起，然后，他们在这些字上涂上墨汁。

接着，人们把纸盖在木板上，再轻轻地抹拭纸背，这样就能把木板上的文字印到纸上去。这叫"雕版印刷术"。用这种印刷术印字，比起用手抄写，效率自然高得多了。

但是，雕版印刷术必须要使用木制字版，而刻制字版很花费时间，也太浪费材料了，而且有了错字也很不容易改正。

　　北宋时期，有一个人，名叫毕昇。他对雕版印刷术的缺点很不满意，于是下定决心，要改良印刷技术。

　　经过反复思考、钻研，毕昇终于想到一个好办法。
他先用胶泥做出很多形状、大小相同的方块，然后，在
每个方块上都刻上凸起的反字，做成字模。

　　接着，毕昇用火烘烤这些字模，使它们变硬，然后把它们分类置放到木格子里。这就叫"胶泥活字"。

这种胶泥活字是用来印刷文字的。对于常用字，也就是经常被重复使用的字，比如"子"字等，毕昇会制作多个胶泥活字。

印刷之前，当然要先排版。在排版的时候，毕昇就把需要用到的胶泥活字排列在一块带有边框的铁板上，并用粘贴剂使它们紧紧地粘在铁板上，不会松动，制成字盘。

下一步，毕昇就在字盘上涂上墨汁，再把纸盖在上面，然后用力一压，这样就可以把各个胶泥块上的文字印到纸上了。当然，也可以准备两个或多个字盘，同时印刷。

　　印刷完成之后，只要用火把那些粘贴剂烤化，就可以把一个个胶泥活字从铁板上取下来，放回木格子里，下次还能再使用。这种印刷技术，就叫"活字印刷术"。

活字印刷术不需要花费时间刻制字版，各个活字又能重复使用，可以随时拼版，而且印刷速度和质量都远胜过雕版印刷术。这是中国古代伟大的四大发明之一。

　　胶泥活字印刷术的这些优势，使它一代代地流传下去，后来还演变、发展成锡活字印刷术、木活字印刷术、铜活字印刷术等。其中，影响最大的是木活字印刷术。

活字印刷术极大地促进了人类文化的传播和发展。它从中国传向世界后，使古代的朝鲜人创制了铁活字印刷术，并使德国在 15 世纪 50 年代出现了铅合金活字印刷术。

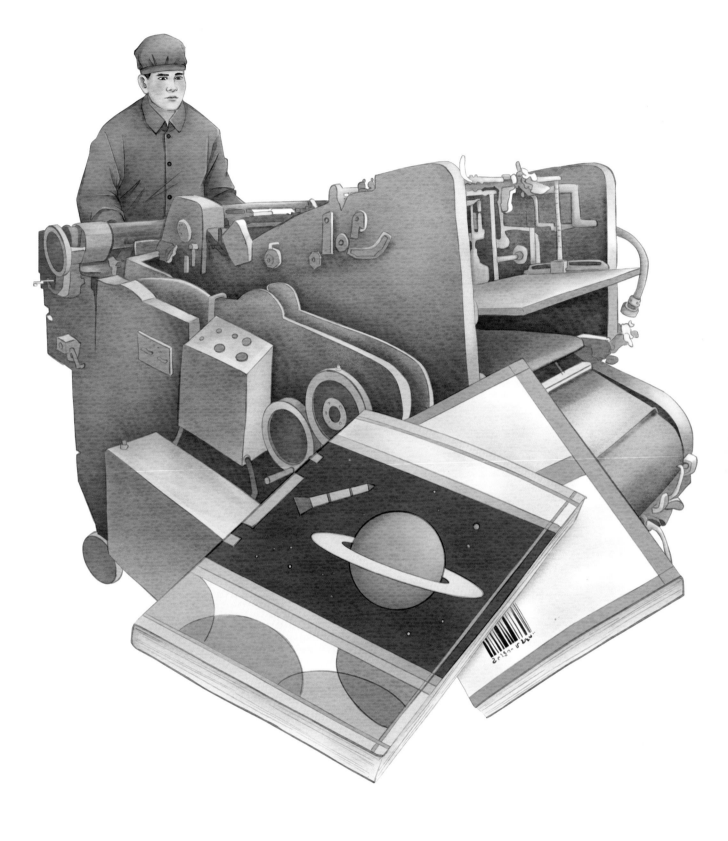

　　现代的凸版铅印技术，曾经非常普遍。这种印刷工艺的基本原理、方法，和北宋时的毕昇发明的活字印刷术是一样的。

图书在版编目（CIP）数据

毕昇的活字印刷术 / 李航编. — 长春 : 吉林美术
出版社，2023.6
　　（揭秘中国 : 古代四大发明绘本）
　　ISBN 978-7-5575-7866-4

　　Ⅰ．①毕… Ⅱ．①李… Ⅲ．①活字－印刷史－中国－
古代－儿童读物 Ⅳ．①TS811-092

中国国家版本馆CIP数据核字(2023)第012047号

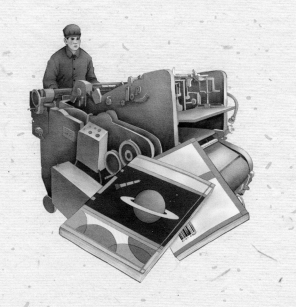